QING SHAO NIAN KE XUE TAN SUO
青少年科学探索

U0630479

科学发现跟踪

余海文 编著　丛书主编 郭艳红

植物：植物天地的缩影

汕头大学出版社

图书在版编目（CIP）数据

植物：植物天地的缩影 / 余海文编著. -- 汕头：
汕头大学出版社，2015.3（2020.1重印）
（青少年科学探索营 / 郭艳红主编）
ISBN 978-7-5658-1676-5

Ⅰ．①植… Ⅱ．①余… Ⅲ．①植物—青少年读物
Ⅳ．①Q94-49

中国版本图书馆CIP数据核字 (2015) 第027810号

植物：植物天地的缩影　　　　　　ZHIWU: ZHIWU TIANDI DE SUOYING

编　　著：余海文
丛书主编：郭艳红
责任编辑：宋倩倩
封面设计：大华文苑
责任技编：黄东生
出版发行：汕头大学出版社
　　　　　广东省汕头市大学路243号汕头大学校园内　邮政编码：515063
电　　话：0754-82904613
印　　刷：三河市燕春印务有限公司
开　　本：700mm×1000mm 1/16
印　　张：7
字　　数：50千字
版　　次：2015年3月第1版
印　　次：2020年1月第2次印刷
定　　价：29.80元
ISBN 978-7-5658-1676-5

前　言

　　科学探索是认识世界的天梯，具有巨大的前进力量。随着科学的萌芽，迎来了人类文明的曙光。随着科学技术的发展，推动了人类社会的进步。随着知识的积累，人类利用自然、改造自然的的能力越来越强，科学越来越广泛而深入地渗透到人们的工作、生产、生活和思维等方面，科学技术成为人类文明程度的主要标志，科学的光芒照耀着我们前进的方向。

　　因此，我们只有通过科学探索，在未知的及已知的领域重新发现，才能创造崭新的天地，才能不断推进人类文明向前发展，才能从必然王国走向自由王国。

　　但是，我们生存世界的奥秘，几乎是无穷无尽，从太空到地球，从宇宙到海洋，真是无奇不有，怪事迭起，奥妙无穷，神秘莫测，许许多多的难解之谜简直不可思议，使我们对自己的生命现象和生存环境捉摸不透。破解这些谜团，有助于我们人类社会向更高层次不断迈进。

　　其实，宇宙世界的丰富多彩与无限魅力就在于那许许多多的难解之谜，使我们不得不密切关注和发出疑问。我们总是不断地去认识它、探索它。虽然今天科学技术的发展日新月异，达到了很高程度，但对于那些奥秘还是难以圆满解答。尽管经过古今中外许许多多科学先驱不断奋斗，一个个奥秘被不断解开，推进了科学技术大发展，但随之又发现了许多新的奥秘，又不得不向新问题发起挑战。

宇宙世界是无限的，科学探索也是无限的，我们只有不断拓展更加广阔的生存空间，破解更多的奥秘现象，才能使之造福于我们人类，我们人类社会才能不断获得发展。

为了普及科学知识，激励广大青少年认识和探索宇宙世界的无穷奥妙，根据中外最新研究成果，编辑了这套《青少年科学探索营》，主要包括基础科学、奥秘世界、未解之谜、神奇探索、科学发现等内容，具有很强系统性、科学性、可读性和新奇性。

本套作品知识全面、内容精炼、图文并茂，形象生动，能够培养我们的科学兴趣和爱好，达到普及科学知识的目的，具有很强的可读性、启发性和知识性，是我们广大青少年读者了解科技、增长知识、开阔视野、提高素质、激发探索和启迪智慧的良好科普读物。

目 录

世界奇异植物

罗马花椰菜

俗称青宝塔，16世纪发现于意大利。一种可以食用的花椰菜，花球表面由许多螺旋形的小花组成，小花以花球中心为对称轴成对排列。所有部位都是相似体，这与传统几何中不规则碎片形所包含的简单数学原理相似，吸引了无数的数学家和物理学家加以研究。

维纳斯捕蝇草

一种非常美丽的肉食性植物，其叶片上长有许多细小的触角。一旦有物体碰到，叶片会自动收拢并将外来物体包夹于其中。它的叶片合拢速度奇快，时间不到一秒。其分布的地理范围十分狭小，仅存在于美国北卡罗来纳州与南卡罗来纳州海岸一片1100多千米长的地区。

舞草

又名跳舞草，是一种可以快速舞动的奇特植物，其小叶具有自身摆动的功能，最高可以长至2米。在气温达25摄氏度以上，在70分贝声音刺激下，它的两枚小叶便绕中间大叶自行起舞，时间一般为3分钟至5分钟。其原产于亚洲，我国华南部分省区很常见，南太平洋附近国家也有分布。

花烛

别名火鹤花、红鹤芋，全身有毒。一旦误食，嘴里会感觉又烧又痛，随后会肿胀起泡，嗓音变得嘶哑，并且吞咽困难。多数症状会随

着时间过去而减轻直至消失。其株高一般为0.5米至0.8米，因品种而异。具肉质根，无茎，叶从根茎抽出，具长柄，单生，心形，鲜绿色，叶脉凹陷。花腋生，佛焰苞蜡质，正圆形至卵圆形，鲜红色、橙红肉色、白色，肉穗花序，圆柱状，直立。四季开花。荷兰在花烛的系统研究中居于领先地位。

复苏蕨

一种看起来非常普通的蕨类植物，但它却拥有超强的耐干旱能力。在干旱期，这种植物可以卷缩成一个球状物，颜色也会变

成褐色，看起来好像是死了一样。不过它一旦接触到水，就会立即舒展开来并开始"复活"。据估计，它们在无水条件下至少可以生活100年。科学家推算复苏蕨在地球上已经存活了2.8亿年至3.4亿年，那时候地球气候温暖湿润，复苏蕨是地球上最高的树种之一，由于地球气候的变化才演化成现在的形态。

迷幻类植物

迷幻类植物就是罂粟等毒品植物，它们往往有着美丽的花朵和外表，但却是所有植物物种当中对人类危害最大的物种之一。迷幻类植物中一般都包含有某些化学物质，这些化学物质可以影响动物中枢神经系统，可以临时改变人类的感觉、情绪、意识和行为。

茅膏菜

别名石龙芽草，是一种肉食性植物，茅膏菜有明显的茎，茎部长有细小的腺毛，腺毛可以产生一种黏性液体。它就是利用这种黏性液体来捕捉昆虫。一旦昆虫被黏上后，茅膏菜的蔓将会合拢将猎物包在其中，并产生一种酶来消化猎物。茅膏菜喜欢生长在水边湿地或湿草甸中，在我国长白山分布很广。该物种为中国植物图谱数据库收录的有毒植物，其毒性为全草有毒，有治疗疮毒、瘰病的药物功效。内服宜慎，孕妇禁服。叶片的水浸液接触皮肤可引起灼痛、发炎等症状。

大花草

大花草是在1822年被发现的。在印度尼西亚苏门答腊的热带森林里，生长着一种十分奇特的植物，它的名字叫大花草，号称世界第一大花。花朵最大的直径可达1.4米，重达10千克。这种花有

5片又大又厚的花瓣，整个花冠呈鲜红色，上面有点点白斑，花心像个面盆，可以盛七八千克水。它还有个奇特的地方就是无茎无叶无根。它会散发出具有刺激性的腐臭气味，吸引逐臭昆虫来为它传粉。它又叫"大王花""霸王"。

含羞草

如同少女遇到陌生人会脸红一样，含羞草的羽毛般的纤细叶子受到外力触碰，叶子立即闭合，所以才得名含羞草。它们的叶片也同样会对热和光产生反应，因此每天傍晚的时候它们的叶片同样会收拢。含羞草原产于中南美洲，为豆科多年生草本或亚灌木。成簇生长，茎基部木质化，高可达1米，耐寒性较差。原产于南美热带地区，喜温暖湿润，对土壤要求不高，喜光，但又能耐半阴，故可作室内盆花赏玩。现多做家庭内观赏植物养植。无明显地理分布区分，在人人心中都是"贵族"。

芦荟植物

芦荟中的"芦"字文意为"黑"，而"荟"是聚集的意思。芦荟叶子切口滴落的汁液呈黄褐色，遇空气氧化就变成了黑色，又凝为一体，所以称作"芦荟"。其是天然美容品，它能使皮肤变得白嫩柔滑，在夏威夷、墨西哥等地应用十分广泛。大多数药用植物一般都需要经过蒸煮或溶解等处理措施后才能使用，而芦荟植物却可以随时使用。只要折断芦荟植物的叶子，你就可以发现芦荟油。这种凝胶体具有康复的功效，短时间内就可以缓解紫外线造成的皮肤晒伤。

猪笼草

食虫植物的一种，它的形状体态宛如一个诱捕昆虫的陷阱。

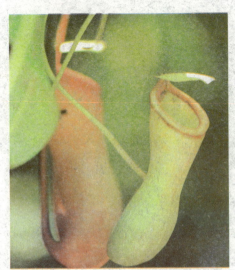

它的瓶状叶可以捕食小昆虫和蜥蜴。它的叶片会分泌一种特殊物质，这种物质覆在猪笼草瓶状花冠的内壁上，并与猪笼草根部吸收来的水混合。昆虫或小型动物嗅到混合汁液的气味会前来吸食，当它们落入瓶状花冠中后，就会困在其中而无法逃脱，最终成为猪笼草的养料。

小叶橡胶树

又称本杰明树，其叶子和树茎内均含有有毒的牛奶状树液。这类植物又分为树类、灌木、蔓类等约800个种类，多数是在室内盆栽，有些品种在温暖地区也可种于室外。该树引起人中毒后的反应是皮肤疼痛肿胀，医生会以过敏或炎症来处理。

延 伸 阅 读

在我国云南西双版纳的密林中生长着一种树，人们称它为痒痒树。当人们用手抚摸或抓搔其树皮时，树的顶端枝梢就会左右摆动起来，就好像怕痒难忍似的。

世界植物新物种

微型松树

微型松树仅0.02米高，但生长完全。起初这项微型松树的种植实验主要用于生产具有松树芬香气味的商业领域，很少用

于其他方面。目前，微型松树作为一种可食用植物在巴布亚新几内亚广泛推广，当地居民将其混合椰子奶或油炸食用。

橡胶软木树

目前，SABIC创新塑胶公司最新培育了橡胶树与软木树的杂交体，这种杂交树树皮制造的软木塞具有相同的多孔渗透性能，同时也拥有普通橡胶的一些性能。

无咖啡因植物

科学家在非洲喀麦隆发现的一种新植物，它是非洲中部发现的第一种无咖啡因的咖啡植物。据悉，喀麦隆是一个拥有多种咖啡植物的地区，这一新植物将用于培育天然脱咖啡因的咖啡豆。

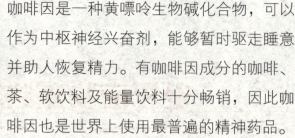

咖啡因是一种黄嘌呤生物碱化合物，可以作为中枢神经兴奋剂，能够暂时驱走睡意并助人恢复精力。有咖啡因成分的咖啡、茶、软饮料及能量饮料十分畅销，因此咖啡因也是世界上使用最普遍的精神药品。

安格纳甘薯

普通甘薯只有一个瓣，但一个安格纳甘薯有好几个瓣，就像母牛的乳房。这种全新的物种，对马达加斯加北部居民来说一点不新鲜，当地人经常种植这种甘薯。科学家迄今尚未研究安格纳甘薯的营养价值，虽然非常受欢迎，却不能给当地人带来太大收益。研究人员认为这种东西应该被列为极度濒危物种。事实上它所生长的区域并未受到保护，极易受到威胁。

延 伸 阅 读

会发光的蘑菇原产自巴西圣保罗附近的一片森林里，现在这片森林已经消失。这种蘑菇高达0.008米，它会不断发光，一天24小时都会发出可怕的绿光。

植物活化石

银杏

最早出现于3.45亿年前的石炭纪，曾广泛分布于北半球的欧洲、亚洲、美洲。中生代侏罗纪银杏曾广泛分布于北半球，白垩纪晚期开始衰退。至50万年前，发生了第四纪冰川运动，地球突然变冷，绝大多数银杏类植物濒于绝种，只有我国自然条件优越，才奇迹般地保存下来。银杏被科学家称为"活化石"。

银杉

远在地质时期的新生代第三纪时，银杉曾广泛分布于北半球的欧亚大陆，在德国、波兰、法国及苏联都曾发现过它的化石。距今200万年至300万年前，地球覆盖着大量冰

川，有些地理环境独特的地区，没有受到冰川的袭击，而成为某些生物的避风港。银杉在这些地区存活了下来，号称"植物界的熊猫"。

水杉

稀有树种。在中生代白垩纪，地球上已出现水杉类植物。约发展到250万年前的冰期以后，这类植物几乎全部绝迹，仅存水杉一种。水杉是第一批列为我国国家一级保护植物的稀有种类，有植物王国"活化石"之称，人们称它为"中国的国宝""植物界的熊猫"。武汉市将水杉列为市树。它对于古植物、古气候、古地理和地质学，以及裸子植物系统发育的研究均有重要的意义。此外，它树形优美，树

干高大通直，生长快，是亚热带地区平原绿化的优良树种，也是速生用材树种，材质轻软，适用于各种用材和造纸。

三尖杉

多分布于亚热带常绿阔叶林中。为我国特产的重要药原植物，从该植物体中提取的植物碱，对治疗癌症具有一定疗效。三尖杉木材坚实，有弹性，具有多种用途，种子榨油后可供制皂及油漆，果实入药有润肺、止咳、消积之效，所以三尖杉是一种具有多种用途的野生经济植物，具有多方面的保护价值，被称为"活化石"。其高不过12米，树皮灰色，叶长条形，枝、叶、花和种子都含有多种生物碱。

对节白蜡

当今世界仅存的木犀白蜡名贵树种，是景点、盆景、根雕家

族的极品，被誉为"活化石"和"盆景之王"。其生长缓慢，寿命可达2000年左右。树形优美，盘根错节，苍老挺秀，观赏价值极高。树质细腻、结实，色泽乳白、光亮，是根雕的最佳材料之一。其生命力强，萌发力旺，可分根、扦插、播种繁殖，管理简单。抗烟尘，无污染，耐旱涝，无病虫害；无论是提根露爪，还是大水大肥，都适应生长。

铁树

现存世界上最古老的种子植物，曾与恐龙同时称霸地球，被地质学家誉为"植物活化石"。铁树起源于古生代的二叠纪，又

名凤尾蕉、避火蕉、金代、苏铁等，在民间，铁树这一名称用得较多。俗话说"铁树开花，哑巴说话""千年铁树开了花""铁树开花马长角"，都形象地说明事物发展过程的漫长和艰难，甚至根本不可能出现。实际上并非如此，20年以上的铁树几乎年年都可以开花。

香果树

起源于距今约1亿年的中生代白垩纪。最初发现于湖北西部的宜昌地区海拔670米至1340米的森林中。英国植物学家威尔逊在他的《华西植物志》中，把香果树誉为"中国森林中最美丽动人的树"。国家二级重点保护植物，分布于我国很多地方。板仑电站后山腰海拔1050米处一株香果树，高约28米，胸径1.86米，树龄约300年，是神农架山地和湖北省目前发现的最大香果树。

珙桐

1000万年前新生代第三纪留下的孑遗植物，在

第四纪冰川时期，大部分地区的珙桐相继灭绝，只有在我国南方的一些地区幸存下来，成为植物界的活化石，为我国独有的珍稀名贵观赏植物。珙桐木质较好，是制作细木雕刻、名贵家具的优质木材。因其花形酷似展翅飞翔的白鸽而被西方植物学家命名为"中国鸽子树"。

延 伸 阅 读

昆明植物园内有3棵巨大的铁树，一雄两雌，于20世纪80年代末从野外引种而来，是云南省迄今为止发现的最古老的铁树，树龄近千年，堪称稀世之宝。

世界罕见的植物

降落伞花

　　花朵呈现降落伞形状，内部的花瓣好像灯丝一样连接四周，花朵中心就像是一根毛茸茸的棒棒糖从内部伸出。当有昆虫被花朵的气味吸引而来时，就会被管状物包裹其中，从而成为降落伞花的营养餐。

巨花马兜铃

　　美丽而怪异的马兜铃花朵的主要部分只有一片，看起来好像是一个巨大的、带有纹理的兜状物，而不像普通的花朵那样拥有对称的花瓣。一旦有人靠近，它所发出的死老鼠味道会在你身边数小时不散。这种气味只不过是它们用来吸引传粉昆虫帮助它们传粉而已。

囊泡貉藻

也被称为"水车植物",是茅膏菜科貉藻属唯一的现生种。它是一种水生浮游植物,以其主茎为中心向四周辐射出多条轮辐式的支茎,在每条支茎的顶端,都有一个与捕蝇草类似的捕虫夹结构。每个捕虫夹上都有长触发茸毛。当触发茸毛受到猎物刺激时,捕虫夹就会合拢,将猎物包夹起来。囊泡貉藻是少数具有快速运动能力的植物之一。囊泡貉藻分布于四个大洲,通常可发现其漂浮于灯心草、芦苇以及水稻之中。

百岁兰

外形奇特,它的茎又粗又短,不超过0.12米高,可茎秆周长可达4米左右。它的一生只长两片叶子,叶子开始质地柔软,后来形成皮革状。每片叶子长达2米至4米,宽0.3米。两片叶子能活100年左右,因此,人们叫它是叶子中的"老寿星"。它是一种非常怪异的沙漠植物,可以忍耐极为恶劣的环境。年年开花,在

茎顶上表面，会出现一些同心沟，在同心沟的外方沟内抽出球果状的穗形花序，花片鲜红色。种子的外面有翅膀，可随风散落到各处安家。

瓦勒迈杉

植物界的一种活化石，已存在了至少两亿年，是世界上最古老的物种之一。在2004年之前，人们根本不知道它的存在。当年，一名陆军军官在澳大利亚瓦勒迈国家公园内发现了这种古老的植物。目前，已知的野生瓦勒迈杉不足100棵。它是一种样子怪怪的树状物，树皮十分奇特，看上去像巧克力泡沫，多个树干和看似蕨类的树叶呈螺旋状生长。

伍德苏铁

世界上最稀有的植物之一，已被列入野外灭绝物种。全球发现的唯一一棵野生的植

株位于南非诺耶森林边缘的一个斜坡上。它是一种雌雄异株植物，而植物园中所有现存的伍德苏铁都是雄性的。科学家开始尝试将它们与最近的近亲物种进行杂交，希望能够培育出伍德苏铁的新苗，三代以后即可再现纯种伍德苏铁。

延 伸 阅 读

深山雪莲是产于新疆的雪莲为多年生的草本植物。雪莲种类繁多，如水母雪莲、毛头雪莲、绵头雪莲、西藏雪莲等。

常见的有毒植物

一品红

原产于中非的某种变色型观叶植物。其花朵很小并不容易被人注意。全棵有毒，入冬后就会变为耀眼的红色，艳丽非凡。有白色乳汁刺激皮肤红肿，会引起过敏性反应，误食茎、叶有中毒死亡的危险。通常高0.6米至3米，叶深绿色。最顶层的叶是火红色、红色或白色的。

曼陀罗

草本植物，高1米至2米，茎直立，叶卵圆形，夏季开花，花筒状，花冠漏斗状，白色，全株有毒，种子毒性最强。又叫曼荼罗、醉心花、大喇叭花、山茄子等，多生在田间、沟旁、道边、河岸、

山坡等地方。曼陀罗原产热带及亚热带，我国各
省区均有分布。

藏红花

又称番红花、西红花，是一种常见的香
料。为多年生草本植物，花
期11月上旬至中旬，毒素为秋
水仙碱，中毒症状为恶心、呕吐
及腹泻，大量使用可致命。主要分布
在欧洲、地中海及中亚等地，明朝时传
入我国。《本草纲目》将它列入药物之类，浙
江等地有种植，是一种名贵的中药材，具有强大的生理活性，在
亚洲和欧洲作为药用，有镇静、祛痰、解痉作用，用于胃病、调
经、麻疹、发热、黄疸、肝脾肿大等的治疗。

荷包牡丹

原产我国、西伯利亚及日本，是多年生宿根草本花卉，株高

0.3米至0.6米。花瓣四片，外方一对红色，基部囊状，内部一对白色，伸出于外方花瓣之外，鸡心状，颇似荷包形。因叶似牡丹叶，花类荷包，故名"荷包牡丹"。又因其好似铃，故别名"铃儿草"。肉质根，稍耐旱，怕积水，喜肥。全株有毒，能引起抽搐等神经症状。

飞燕草

棵高0.5米至0.9米，全草有毒，其中种子的毒性最大，主要含有生物碱，误食后会引起神经系统中毒，中毒后呼吸困难，血液循环障碍，肌肉、神经麻痹或产生痉挛现象。因其花形别致，形态优雅，酷似一只只燕子而得名。飞燕草为直根性植物，须根少，宜直播，移植需带土团。较耐寒、喜阳光、怕暑热、忌积涝，宜在深厚肥沃的沙质土壤上生长。原产于欧洲南部，中国各省均有栽培。

绣球花

落叶灌木或小乔木，叶对生，卵形至卵状椭圆形，被有星状毛，全株均有毒性。夏季开花，花于枝顶集成聚伞花序，边缘具白色中性花。花初开带绿色，后转为白色，具清香。性喜阴湿，怕旱又怕涝。绣球花是一种常见的庭院花卉，其伞形花序如雪球累累，簇拥在椭圆形的绿叶中，煞是好看。园林中常植于疏林树下，游路边缘，建筑物入口处，或丛植几株于草坪一角，或散植于常绿树之前都很美观。小型庭院中，对植，也可孤植，墙垣、窗前栽培也极富有情趣。

狼毒

高原牧民们因为它含毒的汁液而给它取了这样一个名字。狼毒花根系大，吸水能力强，能够适应干旱寒冷的气候，生命力强，周围草本植物很难与之抗争，在一些地方已被视为草原荒漠化的"警示灯"。而在高原上狼毒的泛滥，最重要的原因则是人们放牧过度，其他物种少了，狼毒却乘虚而入。它的根入药具有泻水逐饮、破积杀虫之功效。现代研究表明，中药狼毒亦具有抗癌的作用。狼毒的根及茎皮可作为工业原料，用于造纸。

罂粟

也叫英雄花，是制鸦片的原材料，也是世界上最美丽的花之一。原产于小亚细亚、印度和伊朗。我国部分地区药物种植场有少量栽培。全

株粉绿色，叶长椭圆形，夏季开花，单生枝头，大型而艳丽，有红、紫、白等颜色，向上开放。花早落，结球形蒴果，内有细小而众多种子。果实中含有吗啡、可卡因等物质，过量食用后易致瘾，慢性中毒，严重危害身体，成为民间常说的"鸦片鬼"。严重的还会因呼吸困难而送命。我国对罂粟种植严加控制，除药用科研外，一律禁植。在古埃及，罂粟被人称之为"神花"。

毛茛

生于田野、路边、沟边、山坡杂草丛中，东北至华南都有分布。全草为外用发泡药，治疟疾、黄疸病，鲜根捣烂敷患处可治淋巴结核，也可作为土农药。全草含毛茛苷，鲜根含原白头翁素，原白头翁素在豚鼠离体器官及整体试验中，均有抗组织胺作用。毛茛含有

强烈挥发性刺激成分，与皮肤接触可引起炎症及水泡，内服可引起剧烈胃肠炎和中毒症状，但很少引起死亡，因其辛辣味十分强烈，一般不宜吃得很多。

欧洲七叶树

又名"马栗树"，该物种为我国植物图谱数据库收录的有毒植物，全株有毒，嫩芽和成熟的种子毒性较大。人、畜等误食均可引起中毒以致死亡。中毒症状主要是对胃肠道和呼吸道的刺激，如黏膜发炎、嗳气、强烈呕吐、疝痛，还有精神抑郁、昏迷或精神错乱、共济失调，肌肉颤搐和麻痹等症状，严重者死亡。其提取液富含七叶树皂角素、类黄酮及丹宁，具强力消浮肿的作用，对静脉曲张、红肿及发炎皮肤的治疗有奇效。一般应用于去眼袋、抗黑眼圈及减肥产品中。

毒蝇伞

毒蝇伞遍及北半球温带和极地地区，并且也无意间拓展到南半球，在松林里与松树等植物共生，现在成为全球性的物种。它是典型的毒菇，有一个大的白色菌褶、白色斑点，通常是深红色的菇类，是最广为认识的蕈类，并且在大众文化中广泛出现。有各种不同颜色蕈伞的亚种，包含棕色的、黄橘色的以及略带桃色的。毒蝇伞可导致幻觉。此外，在一场大雨之后，白色的斑点就会消失，变得和食用菇类橙盖鹅膏菌相似。

马鞭草

该物种为我国植物图谱数据库收录的有毒植物，其毒性为全草有少量毒素，不溶血，有拟副交感作用。制剂可治疗疟疾、白喉、流行性感冒等。有些人服后有恶心、头昏、头痛、呕吐和腹痛等反应，孕妇禁服。马鞭草被视为是神圣

的花，经常被用来装饰在宗教意识的祭坛上。此外，在过去认为疾病是受到魔女诅咒的时代里，它常被插在病人的床前，以解除魔咒。

紫藤

全身具有毒性，一旦误食会引起恶心、呕吐、腹部绞痛、腹泻等反应。紫藤花可提炼芳香油，并有解毒、止吐泻等功效。紫藤的种子有小毒，含有氰化物，可治筋骨疼，还能防止酒腐变质。紫藤皮具有杀虫、止痛、祛风通络等功效，可治筋骨疼、风痹痛、蛲虫病等。紫藤为暖带及温带植物，对气候和土壤的适应性强，较耐寒，能耐水湿及瘠薄土壤，喜光，较耐阴。主根深，侧根浅，不耐移栽。生长较快，寿命很长。缠绕能力强，对其他植物有绞杀作用。

毛地黄

又称"洋地黄"，能长高至1米，浅紫、粉红或白色的花朵围着主枝茎生长。在野外误食了它的任何一部分，就会先后出现恶心、呕吐、腹部绞痛、腹泻和口腔疼痛等症状，甚至会出现心跳异常。是治疗心脏病药品"洋地黄"的原材料。原产于欧洲，台湾各地零星栽培。传说妖精将毛地黄的花朵送给狐狸，让狐狸

把花套在脚上，以降低它在毛地黄间觅食所发出的脚步声，因此毛地黄还有另一个名字"狐狸手套"。它还有"巫婆手套""仙女手套""死人之钟"等别名。

八仙花

外表艳丽，花色繁多，玫瑰红、深蓝至绿白色尽有，生长迅速，最高5米，已成为装饰庭院的必选植物。

一旦吃了八仙花，几小时后就会出现腹痛现象，还可能出现皮肤疼痛、呕吐、虚弱无力和出汗等中毒症状，甚至有病人会出现昏迷、抽搐和体内血循环崩溃等。我国栽培八仙花的时间较早，在明清时代建造的江南园林中就栽有八仙花。

山谷百合

又名五月花、深谷百合，也称为"铃兰"，钟形的小白花像美人的秀发一样娇羞地低垂向下。它各个部位都有毒，特别是叶子，甚至山谷百合花尖端和保存鲜花的水也有毒。花朵非常美丽，偶尔有橘红色的果实。只是轻微接触山谷百合不会中毒，但如果吃下去一些，就会出现恶心、呕吐、口腔疼痛、腹痛、腹泻和抽筋等症状，严重的会心跳变慢或不规律。医生治疗时会通过洗胃等方法促使毒素排出，并通过服用药物使心跳复常。

海芋

球茎和叶可以作为药用，但有毒。皮肤接触汁液后瘙痒，眼与之接触引致失明。误食茎叶则会喉舌发痒、肿胀、流涎、肠胃烧痛、恶心、腹泻、出汗、惊厥，严重者窒息、心脏麻痹而死。民间用醋加生姜汁少许共煮，内服或含漱以解毒。台湾称其为姑婆芋，原产南美

洲，是一种常见的观赏植物。作为观赏植物时则称其为"滴水观音"，这是因为如果环境湿度过大，它阔大的叶片就会往下滴水。花是肉穗花序，外有一大型绿色佛焰苞，开展成舟形，如同观音坐像。

杜鹃花

花形优美，叶子具有毒性，用杜鹃花粉酿制的花蜜也有毒，误食会感到嘴里火烧火燎，然后可能出现流涎、恶心、呕吐和皮肤刺痛感等症状。随之而来的还有头痛、肌肉无力、视物模糊等。甚至会出现心跳过慢、心律失常，严重者还会陷入昏迷或经历致命的抽搐。当然，在此之前，医生会想办法减轻中毒症状，使中毒者呼吸更顺畅一些，并通过服用药物，使心跳恢复正常。

菊花

花形艳丽，颜色多样，从橘黄至黄色应有尽有，是万圣节和感恩节期间人们经常用来装饰前庭的盆栽之一。此花头部具有某种毒性，碰触到菊花会让人有点疼痛和肿胀感。品种繁多，

头状花序皆可入药，味甘苦，微寒，散风，清热解毒，这就是药菊。按头状花序干燥后形状大小和舌状花的长度，可把药菊分成四大类，即白菊花、滁菊花、贡菊花和杭菊花。

水仙花

大量食用其球茎，会有温和毒性，出现恶心、呕吐、腹痛和腹泻等症状。水仙多为水生，且叶姿秀美，花香浓郁，亭亭玉立，故有"凌波仙子"的雅号。主要分布于我国东南沿海温暖、湿润地区，福建漳州、厦门及上海崇明岛的水仙最为有名，现已遍及全国和世界各地。

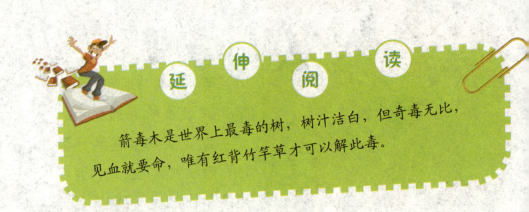

延 伸 阅 读

箭毒木是世界上最毒的树，树汁洁白，但奇毒无比，见血就要命，唯有红背竹竿草才可以解此毒。

常见的胎生植物

红树

红树每年开两次花，春季一次，秋季一次。花谢以后，能结出300多个果实，每个果实中含有一粒种子。当果实成熟时，里面的种子就开始萌发，从母树体内吸取养料，长成胎苗，胎苗长至约0.3米时，就脱离母树，利用重力作用扎入海滩的淤泥之中。年轻的幼苗有了立足之地，成为独立生活的小红树。

佛手瓜

原产于墨西哥，由于当地有一定时间的旱季，因此它在雨季时便迅速生长发育、开花结果，种子成熟后不脱离母体，而是在果实中萌发成为幼苗。当干旱季节来临时，瓜藤枯萎。这时果实中的幼苗，从果肉中吸收水分，不会受到干旱的威胁。等到雨季再来临时，果实落到地上生根，长成独立的植株，并抢在旱季之前，开花结果。

秋茄树

它的种子成熟后，几乎没有休眠期，直接在果实中萌发了。先是胚根突破了种皮，从果皮中钻出来，然后胚轴迅速生长，和胚根一起形成一个末端尖尖的像榛子一样的东西，好像荚果在枝条上面。当幼苗长到0.3米左右时，就从子叶的地方脱落，离开母体，成为一棵新植物。

水笔仔

水笔仔在五六月时开着海星般白色丝状的花朵，花谢后便长出圆锥状的果实。果实会直接留在母树的枝条上发芽，伸出胚茎，长成幼苗。至第二年春天时，已经成熟的笔状胎生幼苗就会由母树上脱落，插进湿软的泥中，开始自己独立的生活。如果掉落水中，笔状胎生幼苗会随水漂流，一旦接触到湿软的泥地，便落地生根。

延 伸 阅 读

胎生早熟禾在雨季时迅速生长、开花、结实，到了干旱季节，茎秆顶上小穗中的籽粒已经成熟，胚也逐渐萌发成幼苗。当雨季再次来到时，其中的幼苗很快生出根来长成小植株。

欺人的寄生植物

肉苁蓉

肉苁蓉是一种寄生在沙漠树木梭梭、红柳根部的寄生植物，对土壤、水分要求不高，一生中有3年至5年是埋在沙土里生长的，又称地精。素有"沙漠人参"的美誉。由于被大量采挖，其

数量已急剧减少。

据调查，每千株寄生植物中，仅有7株肉苁蓉。又因梭梭是骆驼的优良饲料和当地群众的燃料，因此过度放牧和大量砍挖梭梭，也促使肉苁蓉处于临危的境地。

野菰

野菰生长于海拔200米到1800米的林下草地或土层深厚、湿润、枯叶多的地方，寄生于禾本科植物芒草、芦苇等的根上。高约15厘米，体内无叶绿素。总状花序，花轴甚短，由鳞状苞腋抽生花梗，顶端开花，单生侧向；其茎黄褐色或紫红色，不分枝或自基部处有分枝。

桑寄生

常寄生小灌木，老枝无毛，有凸起灰黄色皮孔，小枝暗灰色短毛。叶互生或近于对生，浆果椭圆形，有瘤状突起。花期为8月至9月，果期为9月至10月，寄生长于构、槐、榆、木棉等树上。产于福建、台湾、广东、广西和云南等地。

菟丝子

菟丝子是一种攀缘性草本植物，寄生在果树上，以藤茎缠绕主干和枝条，被缠的枝条产生缢痕，藤茎在缢痕处形成吸盘，吸取树体的营养物质，藤茎生长迅速，不断分枝攀缠果株，并彼此交织覆盖整个树冠，形似"狮子头"。

它们广布于全世界暖温带，主产美洲。常见的如菟丝子茎纤

细呈毛发状，花簇生成小伞形或小头状花序，蒴果全为宿存的花冠所包围。通常寄生于豆科、亚麻科、菊科等植物上，种子可作药用，有补肾益精、养肝明目、止泻等功效。

延 伸 阅 读

寄生植物只以活的有机体为食，从绿色的植物中取得其所需的全部或大部分养分和水分，从而使寄主植物逐渐枯竭死亡。

生在水中的植物

黄菖蒲

水生花卉中的骄子，花色黄艳，花姿秀美，如金蝶飞舞于花丛中，观赏价值极高。适应范围广泛，喜光耐半阴，耐旱也耐湿，可在水池边露地栽培，也可在水中栽培，效果很好。原产于南欧、西亚及北非等地，现在世界各地都有引种。

千屈菜

又称水枝柳、水柳、对叶莲。多年生水草本植物，高一米左右，夏秋开花，花为紫红色。生长于沼泽地、沟渠边或滩涂上，喜光、湿润和通风良好的环境，耐盐碱。全株可入药，可治痢疾、肠炎等症，并有外伤止血功效。我国南北各地均有野生，多生长在沼泽地、水旁湿地和

河边、沟边，现各地广泛栽培。比较耐寒，在我国南北各地均可露地越冬。

水葱

高1米至2米，茎秆高大通直，很像食用的大葱，但不能食用。秆呈圆柱状，中空，根状茎粗壮而匍匐，须根很多。常生长

在沼泽地、沟渠、池畔、湖畔浅水中，国内外均有分布。该植物的地上部分可入药，夏秋采收，洗净、切段、晒干后入药，具有利水消肿之功效。其茎秆可作插花线条材料，也用作造纸或编织草席、草包材料。

香蒲

又名蒲草、蒲菜，因其穗状花序呈蜡烛状，故又称"水烛"。茎极短不明显，喜温暖湿润气候和光照充足的环境，生长于池塘、河滩、渠旁多水处。香蒲是重要的水生经济植物之一，叶绿穗奇可用于点缀园林水池，也可用于造纸、嫩芽蔬食等。此外，其花粉还可入药，叶片用于编织，雌花序可作枕芯和坐垫的填充物。另外，该种叶片挺拔，花序粗壮，常用于花卉观赏。人工栽后注意浅水养护，避免淹水过深和失水干旱。

梭鱼草

又称"北美梭鱼草"，一种观赏类植物，原产北美，现我国各地有分布。喜温、喜阳、喜肥、喜湿、怕风不耐寒，静水及水流缓慢的水域中均可生长，越冬温度不宜低于5摄氏度。梭鱼草生长迅速，繁殖能力强，在条件适宜的前提下，短时间内便可覆盖大片水域。其叶柄为绿色，圆筒形，叶片较大，长可达0.25米，宽可达0.15米，深绿色，叶形多变。大部分为倒卵状披针形，长0.1至0.2米。上方两花瓣各有两个黄绿色斑点，花葶直立，通常高出叶面。

再力花

多年生草本植物，叶卵状披针形，浅灰蓝色，边缘紫色，长0.5米，宽0.25米。花小，呈紫色。它们是一种优秀的温室花卉，花柄可高达2米以上，是近年我国新引入的一种观赏价值极高的挺水花卉。原产于美国南部和墨西哥。

水竹

天生一副文静姿态，茎挺叶茂，层次分明，秀雅自然，四季常绿，是室内摆放佳品。水竹养护简单、管理粗放，可水植也可盆栽。竹身细长，节间长，色青，鞭节间较短，根系发达。其材质柔韧，富于弹性、表面光滑。竹笋味鲜甘甜，竹编器具和工艺品美观、耐用。燃烧后能产生竹油、竹炭，竹油香气浓郁，可作为化妆品的配料。竹炭用于烤火、打铁、建筑涂料。水竹还有许多药用价值。原产于印度、印度尼西亚，它们性喜温暖湿润和通风透光，耐阴，忌烈日曝晒。

王莲

水生有花植物中叶片最大的植物，其叶缘直立，叶片圆形，

像圆盘浮在水面，直径可达两米以上，叶面光滑，绿色略带微红，有皱褶，背面紫红色，每片叶片可承重数10千克。原产南美洲热带水域，自生于河湾、湖畔水域。王莲为典型的热带植物，喜高温高湿，耐寒力极差，气温下降到20摄氏度时，生长停滞。气温下降到14摄氏度时有冷害，气温下降到8摄氏度，受寒死亡。王莲喜肥沃深厚的污泥，但不喜过深的水。

睡莲

又称子午莲、水芹花，是水生花卉中的名贵花卉。外型与荷花相似，不同的是荷花的叶子和花挺出水面，而睡莲的叶子和花浮在水面上。因昼舒夜卷而被誉为"花中睡美人"。它的用途甚广，可食用、制茶、切花、药用等。除南极之外，世界各地皆可找到睡莲的踪迹，它还是文明古国埃及的国花。睡莲切花离水时间超过一小时就可能使吸水性丧失，而失去开放能力。

芦苇

经常见到的水边植物，也常生长在干枯的水塘里。人们常会将芦苇和寒芒搞混，区别是芦苇的茎是中空的，而寒芒不是，另外寒芒到处可见，芦苇则是择水而生。夏秋开花，圆锥花序，顶生，疏散，多成白色，芦苇的果实为颖果，披针形，顶端有宿存花柱。芦苇易生易长，每年冬天被全部砍光，第二年春天一阵春风，几场春雨，又会长出新的芦苇，一年又一年，总是生机勃勃。

鸭舌草

在土壤水分超饱和或略有薄水的条件下生长最好。其叶片较大，在稻田中，漫射光照条件下亦能正常生长，但过于荫蔽的环境生长较差。在同一块稻田中，稻株间的鸭舌草与中心沟、田边的鸭舌草生物量相差1倍以上，但由于鸭舌草叶片大而薄，直射光照过强，亦不利于生长。

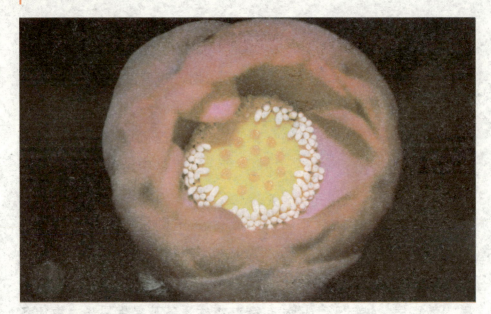

水芙蓉

水芙蓉是取其花朵般的造形而来的俗称，正式名称为"大萍"。原产美洲，具有药用价值，可治疗伤寒、水肿等多种疾病。易于栽培，为印度国花。因其叶大、花美、味香、洁净，被赋予很多宗教和艺术上的内涵，成为绘画、诗词和传说故事的重要题材。

延 伸 阅 读

浮叶型水生植物根壮茎发达，花大、色艳，无明显的地上茎或茎细弱不能直立，叶片漂浮于水面上。常见种类有王莲、睡莲、萍蓬草、芡实、荇菜等。

生在沙漠的植物

金琥

又称象牙球、金琥仙人球，是强刺球类仙人掌的代表，原产于墨西哥中部圣路易波托西至伊达尔戈干燥炎热的沙漠地带。野生的金琥是极度濒危的稀有植物。它拥有浑圆碧绿的球体及钢硬的金黄色硬刺。金琥要求阳光充足，畏寒、忌湿，好生于含石灰的沙质土。

佛肚树

生性强健，株形奇特。它们一年四季开花不断，栽培容易，是优良的室内盆栽花卉，在南方温暖地区亦可室外栽培。佛肚树为大戟科植物，植株含有有毒的白色汁液。喜好温暖干燥及充足的阳光，家庭栽培不能放在缺少阳光直射的地方，否则茎干细长就失去佛肚般的特点。

约书亚树

由种子和地下茎发育而成。它们生长缓慢，最初几年可长到0.1米至0.2米，随后每年增高0.1米。约书亚树的茎杆由大量小纤维组成，没有年轮。由于它根系较小，树冠相对较重，所以并不是很稳固，但是在严酷的沙漠环境中可以持续生活达两百年之久。它们最高可达15米左右。叶片深绿色，线型有刺状边缘，春季开花，花穗0.3米至0.35米长。有个别花独生，花被呈奶油白至绿色。

秘鲁天伦柱

仙人掌科植物。原产南美洲东南部海边的干湿季气候地区和美国亚利桑那州等地。它的花是白色的。本种以挺拔高大著称，其垂直的主干高达15米，重达数吨，能活两百年。茎干具有极强的储水能力，一场大雨过后，一株巨大的天伦柱的根系能吸收大约一吨水。

短命菊

世界上生命周期最短的植物之一，它们的寿命还不到一个月。 这种生活习性是它适应某种特殊生存环境的结果。短命菊又叫"齿子草"，是菊科植物，生活在非洲撒哈拉沙漠中。

那里长期干旱，很少降雨。在这种环境中，许多沙漠植物都有退化的叶片和保存水分的本领，以适应干旱环境。短命菊却与众不同，它形成了迅速生长和成熟的特殊习性。只要沙漠里稍微降了一点雨，地面稍稍有点湿润，它就会立刻发芽，生长开花，整个一生的生命周期，只有短短的三四星期而已。

丝兰

热带植物，强健根系发达，生命力强，对土壤适应性很强，任何土质均能生长良好。喜阳光充足及通风良好的环境，又极耐寒冷，适宜在华北地区露地栽培。它的叶片有一层较厚的角质层和蜡被，能减少水分的蒸发，所以抗旱能力极强。丝兰的花在晚间开放，开放时放出奇香，以吸引丝兰蛾来访。蛾的口腔有一种

细长而能弯曲的吻管用以收集花粉。此外，丝兰对氨气、乙烯等都有一定的抵抗性，在污染较重的地区应大力推广种植。

骆驼刺

骆驼刺多分布在内陆干旱地区，主枝上多刺，叶长圆形，花粉红色，6月开花，8月最盛，根系一般长达20米。从沙漠和戈壁深处吸取地下水分和营养，是一种自然生长的耐旱植物，

新疆各地均有分布。无论生态系统和生存环境如何恶劣，这种落叶灌木都能顽强地生存下来并扩大自己的势力范围。为了适应干旱的环境，骆驼刺尽量使地面部分长得矮小，同时将庞大的根系深深扎入地下。庞大的根系能在很大的范围内寻找水源，吸收水分。而矮小的地面部分又有效地减少了水分蒸发，这使骆驼刺能在干旱的沙漠中生存下来。

紫穗槐

耐寒、耐旱、耐湿、耐盐碱、抗风沙、抗逆性极强的灌木，在荒山坡、道路旁、河岸、盐碱地均可生长。可用种子繁殖及进行根萌芽无性繁殖，萌芽性强，根系发达。紫穗槐原产于美国，丛生落叶灌木。枝条细长柔韧，通直无节、粗细均匀。生长快，植株自地表平茬后，新枝当年可高达1.5米左右。强壮的株丛能萌生15个至30个萌条，可割条10年至20年，用于编织各种生产和生活用具。其花期很长，是北方初夏时节的蜜源植物。

龙舌兰

又名龙舌掌、番麻。原产于美洲，有些种类在原产地要长10年或几十年才能开花。巨大的花序高可达7米至8米，是世界上最长的花序，白色或浅黄色的铃状花多达数百朵，开花后植株即枯死，所以龙舌兰又被称为"世纪植物"。它们喜温暖干燥和阳光充足的环境。稍耐寒，较耐阴，耐旱力强。生长在排水良好、肥沃的沙壤土。遇水会猛烈收缩，是一种有毒植物。

月见草

适应性强，耐酸耐旱，对土壤要求不严。它是本世纪发现的最重要的营养药物，可治疗多种疾病，调节血液中类脂物质，对高胆固醇、高血脂引起的冠状动脉梗塞、粥样硬化及脑血栓等症有显著疗效。花单生

叶腋，淡黄色，直径0.05米。蒴果圆柱形，种子细小。花瓣倒心脏形，和昙花一样夜间开放。月见草也可盆栽摆放阳台观赏，在静夜的月光下，阵阵幽香令人神清气爽。月见草自播能力强，经一次种植，其自播苗即可每年自生，开花不绝。

柽柳

又名垂丝柳、西河柳。产于我国各地，鲜用或干用。它的嫩枝叶是中药材，具有疏风散寒、解表止咳、升散透疹、祛风除湿、消痞解酒等功效。柽柳是最能适应干旱沙漠生活的树种之一。

它的根很长，长的可达几十米，可以吸到深层的地下水。柽柳还不怕沙埋，被流沙埋住后，枝条能顽强地从沙包中探出头

来，继续生长。所以，柽柳是防风固沙的优良树种之一。它还有很强的抗盐碱能力，能在含盐碱0.5%至1%的盐碱地上生长，是改造盐碱地的优良树种。

延 伸 阅 读

　　沙瓜洛仙人掌是最大的仙人掌，生长在美国南部和墨西哥沙漠，高达15米至18米，最高的可达21米以上，直径0.3米至0.6米，重10余吨。

花的王国

杓兰

　　杓兰为多年生草本植物，地上部茎叶可入药，具祛风、解毒、活血之功效。分布于北温带至喜马拉雅地区，我国分布有23种。在英国，杓兰因其稀世之美被称为"女神之花"。常见种类有大花杓兰、扇脉杓兰、黄花杓兰、西藏杓兰、毛杓兰、山西杓兰、紫点杓兰、云南杓兰等。

牡丹

我国特有的木本名贵花卉，花大色艳、雍容华贵、富丽端庄、芳香浓郁，而且品种繁多，素有"国色天香""花中之王"的美称。长期以来被人们当做富贵吉祥、繁荣兴旺的象征。以洛阳、菏泽两地出产的牡丹最富盛名。

玫瑰

玫瑰又被称为刺玫花、徘徊花、刺客、穿心玫瑰。作为农作物，其花朵主要用于食品及提炼香精玫瑰油，玫瑰油要比等重量黄金价值高，被称为"液体金子"。保加利

亚素有"玫瑰之国"之称。该种植物主要应用于化妆品、食品、精细化工等工业。约有40种可提炼玫瑰油，玫瑰香水香味浓郁、甜淳、柔和，而且持久不散，在国际香水市场上享有很高的声誉。欧洲人认为玫瑰和爱神维纳斯同时诞生，他们视玫瑰为爱情之花。

木棉花

木棉花是南方的特产，为广州市、高雄市以及攀枝花市的市花。5片拥有强劲曲线的花瓣，包围一束绵密的黄色花蕊，收束于紧实的花托，一朵朵都有饭碗那么大。木棉花又称"英雄花"，花朵从树上落下的时候，在空中仍保持原状，一路旋转而下，然后"啪"一声落到地上。树下落英缤纷，花不褪色、不萎靡。木棉花具清热利湿、解毒止血之功效。陈皮和蜂蜜能润肺止咳，粳米能健脾益胃，将其四者合用，更能增加健脾利湿和润肺止咳的功能，特别对年老气虚者尤为适用。

兰花

我国传统名花，是一种以"香"著称的花卉。兰花以它特有的叶、花、香独具"四清"，即气清、色清、神清、韵清，具高洁、清雅的特点。古今名人对它评价极高，被喻为"花中君子"。萼

片与花瓣没有区别，总称为花被。花被由6片瓣片组成，分内外两轮，每轮3片。兰花除供观赏外，它的花、叶、果、根还可制药，有清热解毒、化痰止咳、止血镇痛等功效。其喜阴，忌阳光直射，喜湿润，忌干燥，喜肥沃、富含大量腐殖质、排水良好、微酸性的沙质壤土，适宜生长在空气流通的环境。

鸡蛋花

别名缅栀子、蛋黄花，原产美洲，我国已引种栽培。 落叶灌木或小乔木，小枝肥厚多肉。夏季开花，清香优雅。落叶后，光秃的树干弯曲自然，其状甚美，因此鸡蛋花又称为"鹿角树"。它们适合于庭院、草地中栽植，也可盆栽。鸡蛋花被佛教寺院定为"五树六花"之一而广泛栽植，故又名"庙树"或"塔树"。在热带旅游胜地夏威夷，人们喜欢将采下来的鸡蛋花串成花环作为佩戴的装饰品，因此鸡蛋花又是夏威夷的节日象征。

梅花

梅花是中华民族的精神象征，具有强大而普遍的感染力和推动力。梅花象征坚韧不拔、百折不挠、奋勇当先、自强不息的精神品质。别的花都是春天和夏天才开，它却不一样，越是寒冷，越是风欺雪压，花开得越精神，越秀气。梅花原产于我国，现在我国已

栽培应用的梅花品种有300个以上，并仍有野梅分布于山间。

荷花

也称"莲花"，原产于亚洲和大洋洲，我国南北均有栽培。荷花全株均可入药：莲子及莲须为滋补强壮剂；莲心为清心解热物；花、荷叶、荷梗有清毒解暑散热作用。荷花是著名的观赏植物，在我国栽培历史悠久，品种十分丰富，常分籽莲、藕莲和观赏莲三大类型。

荷花是澳门特别行政区的区花，

是有"泉城"美誉的山东省济南市、济宁市和广西壮族自治区贵港市的市花，还是埃及的国花。

玉兰花

又名木兰、白玉兰、玉兰。我国名贵花木之一，早在唐代，就已在庭园中广为栽培。玉兰花是一种高大落叶乔木，高可达30米，花朵硕大，洁白如玉，每年早春盛开。我国共有玉兰花30多种，现北京及黄河流域以南均有栽培。玉兰可用于头痛、血淤型痛经、鼻塞、急慢性鼻窦炎、过敏性鼻炎等症的治疗。现代药理学研究表明，玉兰花对常见皮肤真菌有抑制作用。玉兰花为东莞和连云港市的市花。

樱花

日本民族的骄傲，它同雄伟的富士山一样，是勤劳、勇敢和智慧的象征。它是蔷薇科植物，落叶乔木，可以长至16米高。但一般公园中，都将它培养成小乔木，有5米多高。它的花比叶先开放，五六朵生长于枝上成短总状花序。花瓣白色或淡红色，有清香，有单瓣和重瓣之别，单瓣的可结核果，成熟时为黑色，重瓣的不结果。

百合花

百合花素有"云裳仙子"之称，姿态清丽，有色有香。百合的鳞茎营养丰富，可食用，是滋补上品，还可制作淀粉。中医学上可入药，性微寒，叶甘，润肺止咳、清心安神，主治痨病咳血、虚烦惊悸等症。全球野生百合有90多种，我国是全球百合起源和种植的中心，约有原产百合46种，18个变种，占世界总数的一半以上，其中36种和15个变种为我国特有。

郁金香

鳞茎扁圆锥形，茎叶光滑带白粉，叶子卵状或长椭圆披针形。每年3月至5月，花开茎顶，白天亭亭玉立，像个洋红的大酒杯，阴天和傍晚闭合，基部常带黑紫色，花谢雌蕊发育成蒴果。世界上许多著名的公园和游览胜地都少不了它。美国的白宫、法国卢浮宫博物馆的花坛上都可见它的芳容，每年有无数游客来浏览和观赏。在艺术插花方面，它又是最难能可贵的花材。它的花柄可长达四五十厘米，不论高瓶、浅盂、圆缸，插起来都格外高雅脱俗，清新隽永，令人百看不厌。

胡姬花

胡姬花是热带兰花，叶比我们常见的春兰、夏兰宽厚得多，花茎也挺拔上攀，高可达1米至2米。花四季常开，往往是一朵谢了，一朵又开。胡姬花不仅美丽，还有一般热带兰少有的扑鼻幽香，它的生命力也极旺盛，能适应极恶劣的生存条件。胡姬花为新加坡的国花，新加坡人喜爱兰

花，更偏爱卓锦万代兰，因为它在最恶劣的条件下，也能争芳吐艳，象征着刻苦耐劳和勇敢奋斗的民族精神。

大丽花

菊科植物中美貌出众的一种，所以又被称为"大丽菊"。它们风采华贵、典雅，体型高大丰满，可以与"国色天香"的花王牡丹媲美。大丽花的颜色绚丽多彩，重瓣大丽花有白花瓣里镶带红条纹的千瓣花，如白玉石中嵌着一纹纹红玛瑙，妖娆非凡。墨西哥人把它视为大方、富丽的象征，因此将它尊为国花。该种植物世界多数国家均有栽植，大丽花品种已超过3万个，是世界花卉品种最多的物种之一，花色花形誉名繁多，甚为复杂，罗列不清。

鸢尾花

"鸢尾"之名来源于希腊语，意思是彩虹，表明天上彩虹的颜色尽可在这个属的花朵颜色中看到。鸢尾花在我国常用以象征爱情和友谊，意喻鹏程万里、前途无量、明察秋毫。这种花由6个花瓣状的叶片构成的包膜，3

个或6个雄蕊和由花蒂包着的子房组成。分布于我国中部、西伯利亚、法国和几乎整个温带世界。

虞美人

又称"丽春花"，株高达0.8米，长满粗糙的白毛，茎直立，有分枝。五六月开花，开花时，萼片迅速脱落，花梗挺直，托起四片花瓣。花色有朱红、紫红、深紫及白色，也有重瓣品种。花后能结蒴果，果皮中含有极少量的"鸦片酊"，欧洲人称它"包米罂粟"。世界各地多有栽培，比利时将其视为国花。如今虞美人在我国广泛栽培，以江浙一带最多。它们是春季美化花坛、花园以及庭院的精细草花。虞美人姿态葱秀，袅袅婷婷，因风飞舞，俨然彩蝶展翅，颇引人遐思。虞美人兼具素雅与浓艳华丽之美，二者和谐地统一于一身。其容其姿大有我国古典艺术中美人的丰韵，堪称花草中的妙品。

石榴花

石榴枝条如针，叶呈卵形或椭圆形，夏季开花，花色鲜艳，有红色、橙红色、白色、黄色等。果实为浆果，球形，外皮革质，内包种子。种子的肉质外种皮，多汁，或甜，或酸，或苦，品味不

同，功效各异。石榴花是单性花，一棵树上的花有雌花和雄花之分，雌雄花都很好看。雄花的基部较小，侧面成钝角三角形，花后会脱落；雌花的基部有明显的膨大，开花时就能看出来，只有雌花会结果。石榴树的根皮，有鞣质，有驱除绦虫和蛔虫作用。

丁香

丁香高达20米，革质长卵形的叶子对生着，油绿茂密。丁香花是名贵的香料和药材，花蕾中提取的丁香油是重要香料。花蕾

晒干即为中医所谓的"公丁香"，花后结实中医所谓的"母丁香"，性温、味辛，有温胃降逆的功效。在法国，"丁香开花的时候"意指气候最好的时候。 生日是5月17日或者6月12日的人的幸运花是丁香。在西方，该花象征着"年轻人纯真无邪，初恋和谦逊"。

扶桑

我国名花，在华南栽培很为普遍。又名佛桑、朱槿、朱槿牡丹、大红花，全年开花，为著名的观赏植物。一般高1米至3米，叶互生，长卵形，端尖，顺缘有粗锯齿。花期长，几乎终年不绝，花大色艳，开花量多。因为管理简便，除亚热带地区园林绿化上盛行采用外，在长江流域及其以北地区，为重要的温室和室内花卉。同时也可供药用。"扶桑"是广西南宁市市花。

繁缕花

遍布于欧洲和亚洲各地，繁缕花的花语是雄辩。据说凡是受到这种花祝福而生的人富理智、擅逻辑，说起话来口若悬河，令许多人佩服得五体投地。繁缕花单生于叶腋或排列成顶生疏散的聚伞花序，为白色。蒴果卵形或长圆形，种子肾形，略扁，黄褐色。果实性味酸，无毒，含蛋白质、脂肪、糖类、胡萝卜素。有清血解毒、利尿、下乳汁等功能，且可去恶血、生新血，适用于产妇腹痛，对阑尾炎有妙效。

满天星

满天星原名为"重瓣丝石竹"，原产地中海沿岸。为常绿矮生小灌木，其株高为0.65米至0.70米，茎细皮滑，分枝甚多，叶片窄长，无柄，对生，叶色粉绿。每当初夏无数的花蕾集结于枝

头，花细如豆，每朵5瓣，洁
白如云，略有微香，有如万
星闪耀，满挂天边，如果远
眺一瞥，又仿佛清晨云雾，
傍晚霞烟，故又别名"霞
草"。喜温暖湿润和阳光充
足环境，较耐阴，耐寒，在
排水良好、肥沃和疏松的壤
土中生长最好。

鸡冠花

原产非洲、美洲热带和印度，为一年生草本植物。喜阳光充
足、湿热的环境，不耐霜冻。不耐瘠薄，喜疏松肥沃和排水良好
的土壤。世界各地广为栽培。鸡冠花的品种因花序形态不同，可

分为扫帚鸡冠、面鸡冠、鸳鸯鸡冠、缨络鸡冠等。作为一种美食，鸡冠花则营养全面，风味独特，堪称食苑中的一朵奇葩。形形色色的鸡冠花美食如花玉鸡、红油鸡冠花、鸡冠花蒸肉、鸡冠花豆糕、鸡冠花籽糍粑等，各具特色，鲜美可口，令人回味。

鹤望兰

原产非洲南部。喜温暖湿润气候，怕霜雪。为喜光植物，冬季需充足阳光，夏季强光时稍遮阴。土壤要求疏松、肥沃，排水性好。冬季越冬温度为5摄氏度，常用播种和分株繁殖。实生苗栽培四五年后开花，叶大姿美，花形奇特。盆栽鹤望兰适用于会议室、厅堂环境布置，具清新、高雅之感。南方地栽庭院，颇增天然景趣。

康乃馨

又名狮头石竹、麝香石竹、大花石竹、荷兰石竹，为石竹科石竹属植物，分布于欧洲温带以及我国福建、湖北等地，是目前世界上栽培最普遍的花卉之一。康乃馨包括许多变种与杂交种，在温室里几乎可以连续不断开花。有很多国家以康乃馨为国花，如摩洛哥、摩纳哥、捷克、洪都拉斯、土耳其、西班牙。

延 伸 阅 读

最长寿的花：热带兰花，能连续开放80天不凋谢。

最毒的花：迷迭香，闻之后令人头昏脑涨，神经系统受损害。

各地名树

松树

松树可以忍受零下60摄氏度的低温或50摄氏度的高温，能在裸露的矿质土壤、沙土、火山灰、钙质土、石灰岩土等各类土壤中生长，耐干旱、贫瘠，喜欢阳光，因此是著名的先锋树种。北京北海公园团城上承光殿东侧有棵油松，已有800多岁，当年乾隆皇帝见它浓荫蔽日，遂封为"遮荫侯"。

迎客松

黄山"四绝"之一，在玉屏楼左侧、文殊洞之上，倚青狮石破石而生，高10米，胸径0.64米，地径0.75米，枝下高2.5米，树龄至少已有800年。其一侧枝丫伸出，宛如人伸出一支臂膀欢迎远道而来的客人，另一只手优雅地斜插在裤兜里，雍容大度，姿态优美。

柳树

种类很多，如河柳、龙爪柳、紫柳和垂柳等。它随遇而安，无论是潮湿肥沃、疏松的土壤，还是干旱贫瘠的地方，都适合它生长，甚至在弱盐碱地上也能安家。其叶子及树皮有毒，误食后会引起冒汗、口渴、呕吐、血管扩张、耳鸣、视觉模糊等症状，严重时甚至会出现呼吸困难、昏睡终日、丧失知觉、呼吸深而

慢、脉搏变快等症状。柳树也是我国被记述的人工栽培最早、分布范围最广的植物之一，史前甲骨文已出现过"柳"字。

胡杨树

根系发达，密如蛛网，长达20余米。一棵胡杨树能吸取几十平方米内2米至5米深处的地下水。胡杨树不仅耐旱、耐盐，还具有抗风沙的能力。根深而分布广，使它不被沙漠中的狂风刮倒。如果风沙埋住了树干，胡杨能很快地从树干上长出大量的不定根，并在大树附近萌生许多新的植株，甚至形成小片胡杨林，表现出了顽强的生命力。在地下水含盐量很高的塔克拉玛干沙漠中，胡杨树照样枝繁叶茂。人们赞美胡杨为"沙漠的脊梁"。

橡树

原产于北印度、马来西亚及印尼一带，现在世界各地均有种植。印度橡树可高至20米，在热带森林中的一些品种更可以高达30米。由于印度橡树适宜种植于良好、潮湿的泥土及有蔽护的地方，所以经常被种植于公园及花圃中作为填补空隙之用。橡树是世上最大的开花植物，叶子比手掌还大，生命期比较长。果实是坚果，一端毛茸茸的，另一头光溜溜的，是松鼠等动物的上等食品。

金钱松

又名金松、水树，是落叶大乔木，属松科。树干通直，高可达40米，胸径1.5米。树皮深褐色，深裂成鳞状块片。枝条轮生而平展，小枝有长短之分。叶片条形，扁平柔软，在长枝上成螺旋状散生，向四周辐射平展，秋后变金黄色，圆如铜钱，因此而得名。其花雌雄同株，雄花球数个簇生于

短枝顶端，雌花球单个生于短枝顶端。花期四五个月，球果10月上旬成熟。种鳞会自动脱落，种子有翅，能随风传播。由于气候的变迁，各地的金钱松相继灭绝，只有我国长江中下游少数地区有少数幸存下来，繁衍至今。因分布零星，个体稀少，结实有明显的间歇性。

檀香树

又名白檀，原产印度、澳大利亚和非洲，我国台湾、广东也有引种栽培。花初开时为黄色，后为血红色。木材奇香，常作为高级器具、镶嵌或雕刻等的用材。北京雍和宫的白檀雕像巨佛，由整根檀香木雕琢而成，是举世无双的艺术珍品。檀香树是一种半寄生性常绿乔木，与众不同的是它的须根上长着千千万万个"吸盘"，这些"吸盘"紧紧地吸附在寄主植物上，从它们那里掠夺水分、无机盐和其他营养物质。檀香树生长极其缓慢，通常要数十年才能成材。

欧洲赤松

欧洲赤松分布在西起大不列颠和伊比利亚半岛，东至东西伯利亚及高加索山脉，北达拉普兰之间。在英伦三岛中，目前只有苏格兰有原生的欧洲赤松。它是苏格兰的国树，是一度覆盖苏格兰高地大部分地区的喀里多尼亚森林的主要树种。由于过度砍伐、山火和过度放牧，至今只有少数林区幸存。目前此树亦引进

到新西兰和北美洲比较寒冷的地区，在安大略和威斯康辛州，已被列为入侵树种。

箭毒木

树型高大，枝叶四季常青，树汁有剧毒，是自然界中毒性最大的乔木，有"林中毒王"之称。它的乳白色汁液含有剧毒，一经接触人畜伤口，即可使中毒者心脏麻痹、血管封闭、血液凝固，以致窒息死亡，所以人们又称它为"见血封喉"。箭毒木生长在西双版纳海拔1000米以下的常绿林中，是国家二级保护植物。在历史上当地少数民族曾将箭毒木的枝叶、树皮等捣烂，取其汁液涂在箭头上，射猎野兽。据说，凡被射中的野兽，上坡跑七步，下坡跑八步，平路跑九步后就必死无疑，当地人称为"七上八下九不活"。

椰子树

分布于我国海南岛以及其他热带沿海地区，树干笔直挺立，高20多米，碧绿青翠的叶子比雨伞还要大，树上挂着的棕色果实像足球那样大。椰林构成了热带独特绮丽的风光，也为热带地区的人民提供了食物、饮料和燃料。它们全身都是宝，是当之无愧的"生命之树"。椰子为热带喜光作物，在高温、多雨、阳光充足和海风吹拂的条件下生长发育良好。

樟子松

又名海拉尔松、蒙古赤松、西伯利亚松、黑河赤松。樟子松是我国"三北"地区主要优良造林树种之一。树干通直，生长迅速，适应性强。它们性嗜阳光，喜酸性土壤。大兴安岭林区和呼伦贝尔草原有樟子松天然林。新中国成立后樟子松人工林有很大发展，东北和西北等地区引进了樟子松，长势良好，而在辽宁省章古台沙地引进栽培的樟子松，已经绿树成荫，防风固沙效果显著。

桉树

常绿植物，一年内有周期性的老叶脱落现象，大多品种是高大乔木，少数是小乔木，很少呈灌木状。树冠形状有尖塔形、多枝形和垂枝形等。单叶，全缘，革质，有时被有一层薄蜡质。叶子可分为幼态叶、中间叶和成熟叶三类，多数品种的叶子对生，较小，心脏形或阔披针形。桉树植物的显著

特点是种类多、适应性强、用途广。它的生长环境很广，其体形变化也大，有高百米的大树，也有矮小丛生的灌木，还有一些既耐干旱又耐水淹的树种。

枫香树

在我国南方低山、丘陵地区营造风景林很合适，秋季日夜温差大后，叶子变成红、紫、橙红等多种颜色，增添了园中秋色。可在草地孤植、丛植，或在山坡、池畔与其他树木混植。因此陆游有"数树丹枫映苍桧"的诗句。又因枫香具有较强的耐火性和对有毒气体的抗性，可用于厂矿区绿化。枫香树喜阳光，耐火烧，在海南岛常组成次生林的优势种。分布于我国秦岭及淮河以南各省，北起河南、山东，东至台湾，西至四川、云南及西藏，南至广东。

菩提树

原产于印度，因此通称印度菩提树，别名"觉悟树""智慧树"。菩提树树干富有乳浆，可提取硬性橡胶；花可入药，有发汗解热之功。它树干粗壮雄伟，树冠亭亭如盖，既可做行道树，又可供观赏；叶片心形，前端细长似尾，非常漂亮，在植物学上被称作"滴水叶尖"；枝干上会长出气生根，形成"独树成林"景观。用树皮汁液漱口可治牙痛；花入药，有发汗解热、镇痛之效。在印度、斯里兰卡、缅甸的某些地方，人们将其气生根砍下来，作为大象的饲料。

枫树

叶片较大，与人的手掌大小相近，叶柄细长，使得叶片极易摇曳，稍有轻风，枫叶便会摇曳不定，发出"哗啦哗啦"的响声，给人以招风应风的印象，所以得名于风。加拿大境内多枫树，素有"枫叶之国"的美誉。长期以来，加拿大人民对枫叶有着深厚的感情，把枫叶作为国徽，国旗正中绘有一片红色枫叶。树根、树皮和树枝可入药，有消炎和解毒效果。

红杉

红杉又名美洲杉，红杉长得异常高大，成熟的高达60米至100米，其寿命也特别长。红杉生长神速，成活率高，而且树皮厚，具有很强的避虫害和防火能力，所以它被公认为世界上最有价值的树种之一。仅分布于美国加利福尼亚州和俄勒冈州海拔1000米以下，南北长800千米的狭长地带，是植物界的"活化石"。加利福尼亚州有一片一望无际的大森林，从旧金山北部一直延伸到俄勒冈州，绵亘达640千米。这一片浩瀚的林海是由红杉树组成的，它名扬四海，号称"红杉帝国"。

角树

角树分布于黄河流域、长江流域和珠江流域等区域，生于旷野村旁或杂树林中，夏秋采乳液、叶、果实及种子，冬春采根皮、树皮。

角树种子甘、寒，有补肾、强筋骨、明目、利尿的功用；叶子甘、凉，有清热、凉血、利湿、杀虫的功用；树皮甘、平，有利尿消肿、祛风湿的功用。

桦树

木材较坚硬，富有弹性，结构均匀，心边材不明显。抗腐能力较差，受潮易变形。可作胶合板、卷轴、枪托、细木工家具及

农具用材。桦树树皮可热解提取焦油，还可制工艺品。此外，其树形美观，秋季叶变黄色，是很好的园林绿化树种。其萃取物被使用在天然香料、皮革油或化妆用品里。它的树汁可制成桦树糖浆、软饮料和其他食物。该树几乎在我国各地都有分布，尤以东北、西北及西南高山地区为最多。

山毛榉

树形高大，枝条开展，树冠圆头状，树皮平滑而坚硬，灰色。叶互生，亮绿色，具锯齿及平行脉。木材呈浅红褐色，在水下经久不腐，可制室内器件、装饰品、工具柄和货柜。坚果为狩猎动物的食料，亦可用来育肥家禽或生产食用油。美洲山毛榉原产于北美东部，欧洲山毛榉分布于整个英国和欧亚大陆。两者均为重要的材用树种，在欧洲和北美常作为观赏植物，可高达30米。

棕榈树

树干圆柱形，常残存有老叶柄及其下部的叶鞘，原产我国，现世界各地均有栽培，是世界上最耐寒的棕榈科植物之一。喜温暖湿润气候，喜光，耐寒性极强，可忍受零下14摄氏度的低温，是我国栽培历史最早的棕榈类植物之一。我国秦岭以南地区（除西藏外）均有分布，常用于庭院、路边及花坛之中，适于四季观赏。木材可以制器具，叶可制扇、帽等工艺品，根可入药。

竹子

竹子生长迅速，分布于热带、亚热带至暖温带地区，东亚、东南亚和印度洋及太平洋岛屿上分布最集中，种类也最多。竹杆挺拔、修长，四季青翠，凌霜傲雨，备受中国人民喜爱，是"梅松竹"岁寒三友之一等美称。我国古今文人墨客，嗜竹咏竹者众多。竹子虽然是常见的植物，但是见到它开花的人却不多。那

么，竹子开花吗？开花。因为竹子是有花植物，自然也要开花结实。大概是由于竹子的大多数种类不像一般有花植物那样，每年开花结实，因此有人误认为竹子不开花。

柏树

柏树又称"香柏"，属柏科，常绿乔木，是我国特产树木。树高可达20米，胸径1米。柏树生长缓慢，寿命极长。其木质软硬适中，细致，有香气，耐腐力强，多用于建筑、家具、细木工等。柏树的种子、根、叶和树皮均可入药；其种子还可以榨油，供制肥皂、食用或药用。

柏树斗寒傲雪、坚毅挺拔，乃百木之长，素为正气、高尚、长寿、不朽的象征。柏树在国外是情感的载体，常出现在墓地，这是代表后人对前人的敬仰和怀念。

榆树

素有"榆木疙瘩"之称，言"其不开窍，难解难伐"之谓。其实，老榆木更像一个善解风情的"市场"老手，不管是王榭堂前，还是百姓后院，都有它潇潇伫立的身影、豪放爽朗的笑声和点缀装饰的才情。雅俗共赏的老榆木，以自己坚韧的品性、厚重的性格和通达理顺的胸怀占据着市场巨大的份额，赢得了众人一致的好评和赞赏！

樟树

我国重要的经济树种，木材纹理细致，具有芳香味，能驱虫，耐湿，易加工，广泛用于建筑、造船、家具、箱柜和雕刻等。可以提制樟脑和樟油，是医药、化工、香料、防腐和农药的重要原料。叶可喂蚕，樟蚕丝是编织渔网的原料。樟脑、樟油是我国传统出口商品，质量和产量均居世界第一位。

延 伸 阅 读

红松树王高为38米，胸径1.7米，树龄约760年。红松林是欧亚大陆北温带最古老、最丰富、最多样的生态系统，有植物界"活化石"的美誉。

低等植物

鞭毛藻

水下磷火微生物，是介于动植物之间的生物。鞭毛藻仅有1/20毫米，肉眼难以看到。当它受到外界骚扰时就会像萤火虫一样释放出光亮，夜晚清晰可见，这种光是鞭毛藻的自卫防御功能。

绿藻

绿藻是有胚植物根源的藻类中的一大类群，本身是一个并系群，有时被归在植物界，有时则又被归在原生生物界里。绿藻是单细胞或群集的鞭毛生物，一般一个细胞有两个鞭毛，但也会有群集、粒状和丝状等形式。绿藻约有6000个物种。许多物种都是单细胞的，但有其他少数形成群集或长条的丝状。一般都呈草绿色，外形呈丝状、片状及管状等。

红藻

绝大多数为多细胞体、极少数为单细胞体的藻类。藻体为紫红、玫瑰红、暗红等色。红藻绝大部分生长于海洋中，分布广、种类多，据统计有3700余种，其中不少红藻有重要经济价值。不仅可以食用，还可以用于医学、纺织、食品等工业。红藻起源于13亿至14亿年前的海洋里，形状如植物叶片。质体中除了含有叶绿素和黄色素外，还有大量藻红素，所以呈现红色。

黑藻

俗称"温丝草"，属单子叶多年生沉水植物，轮叶黑藻是黑藻主要类型。轮叶黑藻为雌雄异体，花白色，较小，果实呈三角棒形。秋末开始无性生殖，在枝尖形成特化的营养繁殖器官鳞状芽苞，俗称"天果"或"磷芽"，根部形成白色的"地果"。冬季芽苞沉入水底，被泥土污物覆盖，地果入底泥0.03米至0.05米。冬季为休眠期，水温10摄氏度以上时，芽苞开始萌发生长，前端生长点从沉积物冒出来，茎叶见光呈绿色，同时随着芽苞的伸长在基部叶腋处萌生出不定根，形成新的植株。待植株长成又可以断枝再植。

金鱼藻

悬浮于水中的多年水生草本植物，植物体从种子发芽到成熟均没有根。叶轮生，边缘有散生的刺状细齿，茎平滑而细长，可达0.6米左右。生长于小湖泊静水处，池塘、水沟等处也较常见，

可做猪、鱼及家禽饲料。该植物全草入药，四季可采，晒干后主治血热吐血、咳血和热淋涩痛。种子具坚硬的外壳，有较长的休眠期，通过冬季低温可解除休眠。早春种子在泥中萌发，向上生长可达水面。种子萌发时胚根不伸长，故植株无根，而以长入土中的叶状态枝固定株体，同时基部侧枝也发育出很细的全裂叶，类似白色细线的根状枝，既固定植株，又吸收营养。

轮藻

所含色素和同化产物与绿藻相似。藻体大型、直立，中轴部分明显分化为节与节间，每个节上轮生小枝和侧枝。有性生殖器

官发达，具藏精器和藏卵器，均生长于小枝上。丛生长于水底、淡水或半咸水中，尤以稻田、沼泽、池塘、湖泊中更为常见，喜含钙质丰富的硬水和透明度较高的水体。

蓝藻

最早的光合放氧生物，对地球表面从无氧的大气环境变为有氧环境起了巨大的作用。有不少蓝藻可以直接固定大气中的氮，以提高土壤肥力，使作物增产。还有的蓝藻可作为人们的食品，如著名的发菜和普通念珠藻、螺旋藻等。在一些营养丰富的水体中，有些蓝藻常于夏季大量繁殖，并在水面形成一层蓝绿色而有腥臭味的浮沫，称为"水华"，大规模的蓝藻爆发，被称为"绿潮"。绿潮会引起水质恶化，严重时耗尽水中氧气而造成鱼类的大量死亡。

长松萝

又名云雾草、老君须、天蓬草。松萝科松萝属地衣类植物，全体成线状，长可达1米左右。基部着生于树皮上，下垂。密生细小而短的侧枝，长约0.01米。子器稀少，皿状，生于枝的先端。生于高山区松树或其他树上。分布于东北、陕西、安徽、浙江、广东、云南、西藏等省区。地衣体入药，有小毒，能清热解毒、止咳化痰。

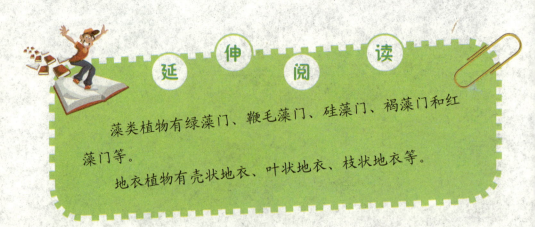

延 伸 阅 读

藻类植物有绿藻门、鞭毛藻门、硅藻门、褐藻门和红藻门等。

地衣植物有壳状地衣、叶状地衣、枝状地衣等。

世界主要濒危植物

百山祖冷杉

是松科冷杉属的一个树种，长于海拔1700米的地区，常生于山坡林中。高约11米，胸径40厘米；树皮灰白色，小枝对生，主干及直立枝上的小枝交叉对生，一年生枝淡黄色或黄灰色，无毛或凹槽中有疏毛；冬芽卵圆形，有树脂，生于枝顶，三个排成一平面，中间之芽常较两侧之芽为大。为我国特有的古老残遗植物，1987年被列为世界最濒危的12种植物之一。

红豆杉

常绿乔木，小枝秋天变成黄绿色或淡红褐色，叶条形，雌雄异株，种子扁圆形。种子用来榨油，也可入药。属浅根植物，其主根不明显、侧根发达，高30米，干径达1米。叶螺旋状互生，基部扭转为二列，条形略微弯曲，长1～2.5厘米，宽2～2.5毫米。种子扁卵圆形，有2棱，种卵圆形，红色。世界上公认的濒临灭绝的天然珍稀抗癌植物，第四纪冰川遗留下来的古老树种，在地球上已有250万年的历史。

桫椤

桫椤又名树蕨，蕨类植物是高等植物中较为低级的一个类群。茎直立，高1～6米。胸径10~20厘米，上部有残存的叶柄，向下密被交织的不定根。叶柄与叶轴为暗紫色，密生小刺；叶片长1~3米，三回羽状分裂，以螺旋方式排列；孢子囊群多数，小型，近小羽轴着生。桫椤为半阴性树种，喜温暖潮湿气候，喜生长在冲积土中或山谷溪边林下。是现存唯一的木本

蕨类植物，被众多国家列为一级保护的濒危植物。

荷叶铁线蕨

又名荷叶金钱草，为铁线蕨科铁线蕨属下的一个特有变种。多年生蕨类，高5~20厘米。

根状茎短而直立。叶椭圆肾形，宽2~6厘米，上面深绿色，光滑并有1~3个同环纹，下面疏被棕色的长柔毛，叶缘具圆锯齿，长孢子叶的叶片边缘反卷成假囊群盖。仅分布于重庆万州，生于海拔约205米处温暖、湿润的岩石表面的薄土、石缝或草丛中。本变种是铁线蕨科最原始的类型，是国家二级保护濒危种。

猴面包树

学名叫波巴布树，又名猢狲木，树冠巨大，树杈千奇百怪，酷似树根，远看就像是摔了个"倒栽葱"。它树干很粗，最粗的直径可达12米，要40个人手拉手才能围它一圈，但它个头又不高，只有10多米。因此，整棵树

显得像一个大肚子啤酒桶。远远望去，树就像是插在一个大肚子花瓶里，因此又称"瓶子树"。其果实巨大如足球，甘甜汁多，是猴子、猩猩、大象等动物的美味。所以它又有"猴面包树"的称呼。当地居民又称它为"大胖子树""树中之象"。

龙血树

常绿小灌木，高可达4米，皮灰色。叶无柄，密生于茎顶部，厚纸质，宽条形或倒披针形，长10~35厘米，宽1~5.5厘米，基部扩大抱茎，近基部较狭，中脉背面下部明显，呈肋状，顶生大型圆锥花序长达60厘米，1~3朵簇生。花白色、芳香。浆果球形黄色。树的样子奇特，长得像一把雨伞。龙血树性喜高温多湿，不耐寒，喜疏松、排水良好、含腐殖质丰富的土壤，是国家二级保护濒危种。

猴谜树

南洋杉科常绿乔木，可供观赏和材用，原产于南美安第斯山脉。株高达45米，直径1.5米。叶坚硬、重叠、顶端针状，在坚挺的枝上螺旋排列，形成一缠结多刺的网，以阻止动物攀缘。诺福克岛松为其近缘种，常被用作建造房屋、制造家具、造船及造纸，曾是智利最重要的木材。猴谜果形似杏仁，味道鲜美，曾被当地印第安人当作主要食物。

秃杉

世界稀有的珍贵树种，只生长在缅甸以及我国台湾、湖北、贵州和云南，是我国的保护植物。秃杉是1904年在台湾中部中央山脉乌松坑海拔2000米处被发现的。秃杉为常绿大乔

木，大枝平展，小枝细长而下垂。高可达60米，直径2米至3米，它生长缓慢，直至40米高时才生枝。叶在枝上的排列呈螺旋状。幼树和老树上的叶形有所不同：幼树上的叶尖锐，为铲状钻形，大而扁平；老树上的叶呈鳞状钻形，从横切面上来看，呈三角形或四棱形，上面有气孔线。

布纹球

布纹球，大戟科大朝属植物，植株小球形，直径8~12厘米。球体有8个排列整齐的棱。表皮灰绿色中有红褐色纵横交错的条纹，顶部条纹较密。棱缘上有褐色小钝齿。原产于非洲南部的干旱地区。由于外观奇特，布纹球深受植物收藏者的喜爱，这也导致其野外生存数量急剧减少。因此，无论是非洲南部各国还是国际上都颁布法令，保护野生环境下的布纹球。

瓶子草

属于瓶子草科，瓶子草属植物，是一种相对体形较大气质高雅的食虫植物，叶子成瓶状直立或侧卧，大多颜色鲜艳有绚丽的斑点或网纹，形态和猪笼草的笼子相似，能分泌蜜汁和消化液，受蜜汁引诱的昆虫失足掉落瓶中，瓶内的消化液与细菌会把昆虫消化吸收。瓶状叶植株的生命力顽强，能适应从加拿大到佛罗里达广袤的恶劣生存环境。由于过度农业开发、土地开垦、水土流失、排水、物种入侵和非法采集，导致其处于濒危边缘。

南川木菠萝

南川木菠萝为常绿乔木，皮深褐色、纵裂，木质红棕色，纹理细而坚，果实成熟时呈橙黄色，因色泽、肉质和形状酷似面包，所以人们又称其为"面包树"。分布在我国最北端，其种子在野生自然环境下繁殖率极低，是个体数量最少的物种，目前仅在南川市发现野生植株5棵，其中最大植株高20米，胸径0.46米。2004年，被《中国物种红色名录》确定为"极危"物种。

老虎须

老虎须为稀有观叶观花植物，花朵呈紫褐色至黑色，形状独特，为植物界中所罕见。老虎须生有数十条紫褐色丝状物，很像老虎的胡须，因此得名。在1999年于昆明举办的世界园艺博览会中，老虎须作为参展花卉，一举夺得金奖。由于目前自然环境日益遭到破坏，现已渐危，被国家定为三级保护植物。

延 伸 阅 读

中国特有珍稀植物普陀鹅耳枥系落叶乔木，雌雄同株，雄花序短于雌花序。雄、雌花于4月上旬开放，果实于9月底10月初成熟。具有耐阴、耐旱、抗风等特性。现仅存一株，是国家一级保护濒危种植物。

我国主要濒危植物

云南含笑

云南含笑是木兰目、木兰科、含笑属植物。植物高可以达到4米左右；叶革质、倒卵形，狭倒卵形、狭倒卵状椭圆形，有花有果，花极香。为第四纪冰川后

残留的中生代树种，有"活化石"之称，产于云南中部，至今尚未发现真正野生产地。

小黄花茶

小黄花茶是常绿灌木，高1.2～5.5米。嫩枝秃净，顶芽被白毛。叶长圆形或椭圆形，长5.5～12厘米，宽1.7～5.4厘米。

花单生于叶腋或枝顶，黄色，直径1～1.8厘米，无柄；苞片及萼片8～10片，近革质，半圆形至宽椭圆形，长4～10毫米，被稀疏绒毛，半宿存；花瓣7～8片，长11～15毫米，开放时不展开，宽椭圆形或倒卵状椭圆形，顶端凹入，无毛或有绢毛；雄蕊2轮，长13毫米，外轮基部连生；蒴果球形或卵圆形，直径1厘米。种子细小，每室1颗。花期11月。国家一级珍稀濒危保护植物，国家科委明令不准外流的特殊物种。

疏花水柏枝

落叶灌木，高1.5米，叶小，无柄，花粉红色，仅分布于湖北巴东、秭归和四川巫山，生于低山河岸边及路旁。三峡库区特有植物，现已濒临灭绝，但经过科学家的抢救与移栽，在宜昌大老岭森林公园、武汉植物园、三峡植物园均有移栽的疏花水柏枝。野生疏花水柏枝是2008年人们在三峡大坝下游的枝江市董市镇沙滩上发现的，这是目前发现的世界唯一的野生物种居群，这一重大发现改变了三峡工程蓄水导致该物种灭绝的学术观点。

雪莲

雪莲是菊科凤毛菊属雪莲亚属的草本植物。它生长在海拔4800~5800米的高山流石坡以及雪线附近的碎石间。高15~25厘米；根状茎粗，黑褐色；茎单生，直立，中空，直径2~4厘米，无毛。叶密集，近革质，绿色，叶片长圆形或卵状长圆形，长约14厘米，宽2~4厘米，最上部苞叶膜质透明，淡黄色，总苞半球形，总苞片3~4层，近膜质，披针形，边缘黑色，披毛；花蕊紫色，长约14毫米。雪莲在中国分布于西北部的高寒山地，是一种高疗效药用植物。由于过度采挖，种子发芽率低，繁殖困难，生长缓慢，如不采取有效措施，严加保护，将有灭绝的危险。

黄檗

黄檗高15米至22米，胸径可
达1米；树皮厚，呈灰褐色至黑灰色，
深纵裂，木栓层发达，柔软，内皮鲜
黄色。小枝通常灰褐色或淡棕色、红棕
色。奇数羽状复叶对生，小叶柄短。雌雄异株。圆锥状聚伞花
序，花轴及花枝幼时被毛；花小，黄绿色。状核果呈球形，密集
成团，熟后紫黑色，内有种子2颗至5颗。系第三纪古热带植物区
系的孑遗植物，是我国的珍贵用材树种。由于过度采伐，资源越
来越少，很易陷入濒危状态。

黄枝油杉

常绿乔木，高28
米，胸径可达1.3米；树
皮灰褐色或暗褐色。叶
线形，在侧枝上排成两
列，长1.5~4厘米，宽
3.5~4.5毫米。球果圆柱
形，长11~14厘米，直
径4~5.5厘米，成熟时
淡绿色或淡黄绿色。黄

枝油杉是我国特有树种，分布区狭窄，资源少，母树结果不多，属濒危物种。

华盖木

常绿大乔木，高可达40米，胸径120厘米。全株各部无毛；树皮灰白色；当年生枝绿色。叶革质，长圆状倒卵形或长圆状椭圆形，长15~26厘米，宽5~8厘米；花芳香，外面深红色，内面白色，聚合果倒卵圆形或椭圆形，长5~8.5厘米，直径3.5~6.5厘米，具稀疏皮孔。分布于云南局部地区海拔1300米至1500米山坡上部向阳的沟谷潮湿山地。为我国的特有树种，目前仅存7棵大树，被列为国家一级保护植物。

崖柏

该种是1982年在重庆城口县的一个分布点上采得标本的。华北地区太行山脉，存在崖柏树根、树干木料。树皮灰

褐或褐色，长条薄片状开裂。枝密集、开展，小枝扁平、多排列成平面。雌雄同株，花单性，单生小枝顶端。球果椭圆形至卵圆形，当年成熟。种子扁平，两侧具薄翅。本种与朝鲜崖柏的区别在于鳞叶枝的下面无白粉，中央的鳞叶无腺点。

延 伸 阅 读

我国仅存10棵以下的珍稀植物有：普陀鹅耳枥、绒毛皂荚、广西火桐、百山祖冷杉、羊角槭、云南蓝果树、天目铁木、滇桐、丹霞梧桐、膝柄木、华盖木。